AF854141

# Orientazio jokoak 1

OINARRIZKO GAITASUNAK LANTZEKO KOADERNOAK

Liburu honek Hezkuntza, Unibertsitate eta Ikerketa Sailaren
egokitasun-aitormena du.
Data: 2005-01-21

Egileak: Xavier Blanch eta Laura Espot
Marrazkiak: Cristina Losantos
Itzulpena: Joxan Ormazabal

Lehen argitaraldia: 2005eko apirila
Azken argitaraldia: 2025eko maiatza

Diseinu grafikoa: Cass
Maketazioa: Georgina Eskutia

Elkar
Haizpea industriagunea,1
20150 Aduna
© La Galera, SA Argitaletxea
© Xavier Blanch eta Laura Espot
© Cristina Losantos
ISBN: 978-84-9783-232-8
L. G.: SS 172-2014

Eragotzita dago liburu honen berregintza osoa nahiz partziala, baita edozein sistema informatikotan bera erregistratzea ere, hala nola elektronikaz, mekanikaz, fotokopiaz edo grabazioren bidez inorenganatzea, aurrez copyrightaren jabegoaren baimena eskuratzen ez bada.

Inprimatzailea: Leitzaran Grafikak, S. L. Martin Ugalde Kultur Parkea. Andoain (Gipuzkoa)

EGUNA:

IZENA:

**1** Jarraitu aurrera puntuz puntu.

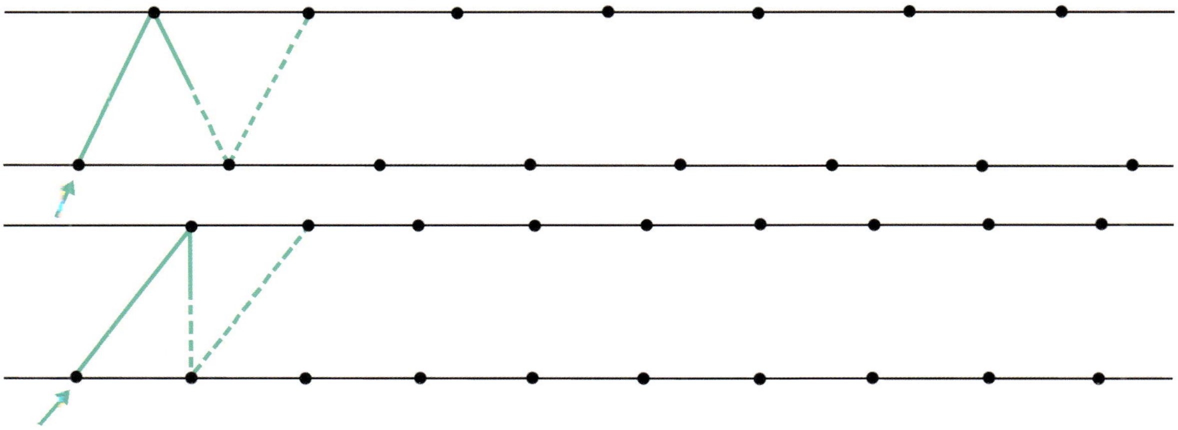

**2** Inguratu marra gorriz gainean dagoen katua, eta urdinez azpian dagoena.

**3** Zer bide egin behar du gizonak perretxikoa hartzeko?

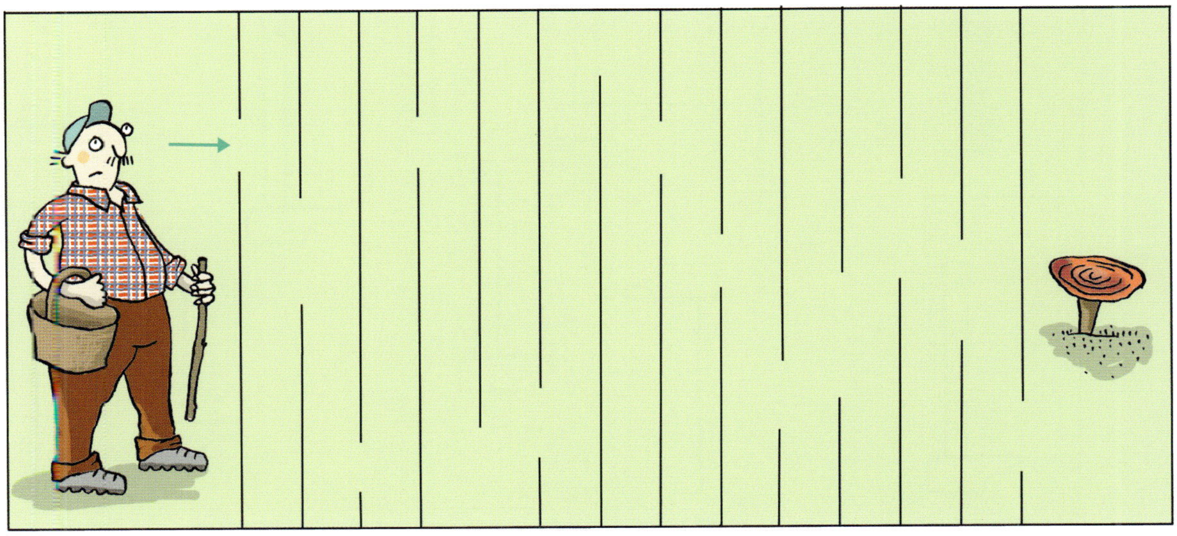

**4** **Marraztu eta margotu ezkerreko laukiko irudiak eskuinekoan eta dagokien lekuan.**

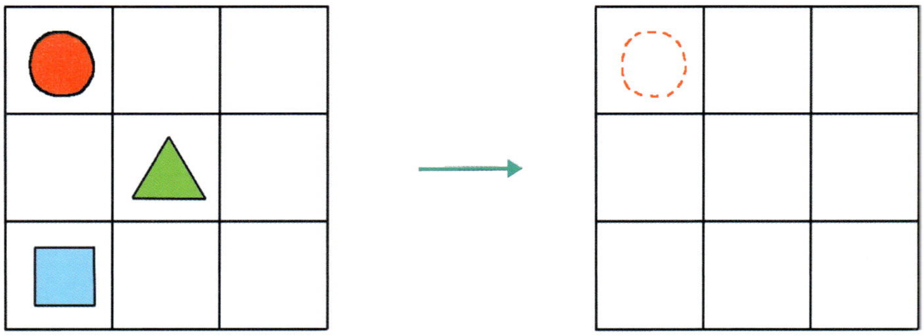

**5** **Jarraitu aurrera puntuz puntu.**

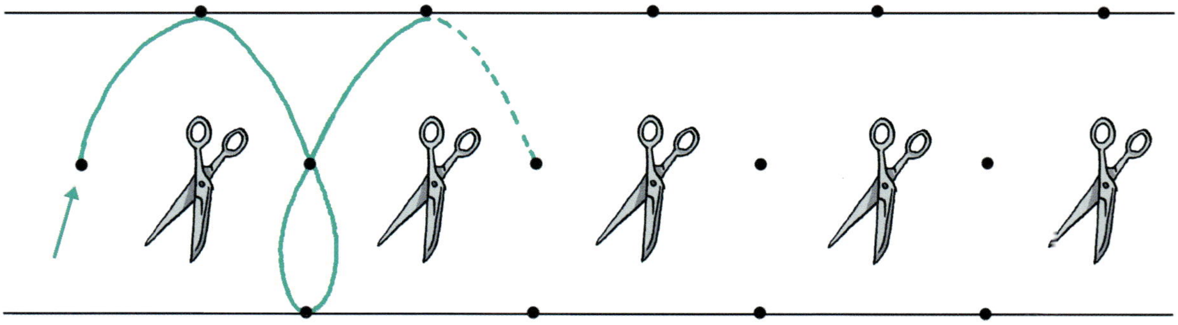

**6** **Margotu ereduko mailuaren posizioan dauden beste guztiak.**

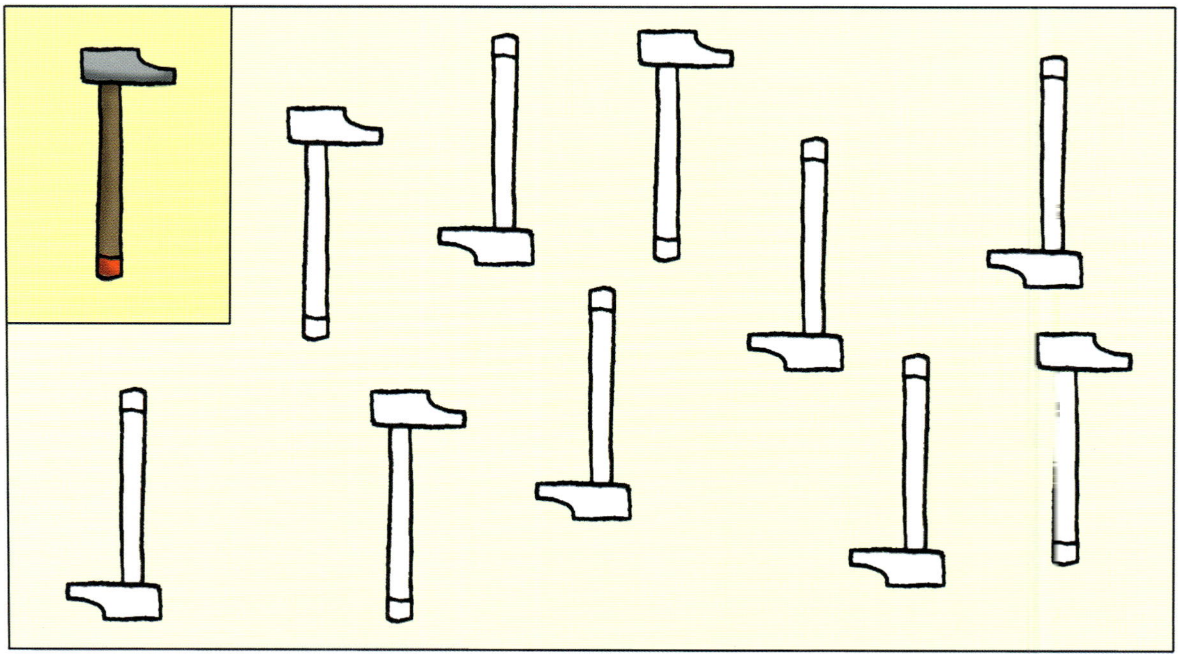

**7** **Margotu euria barraskiloaren norabidean.**

**8** **Margotu beheko pieza bakoitza berari dagokion goiko irudiaren kolorez.**

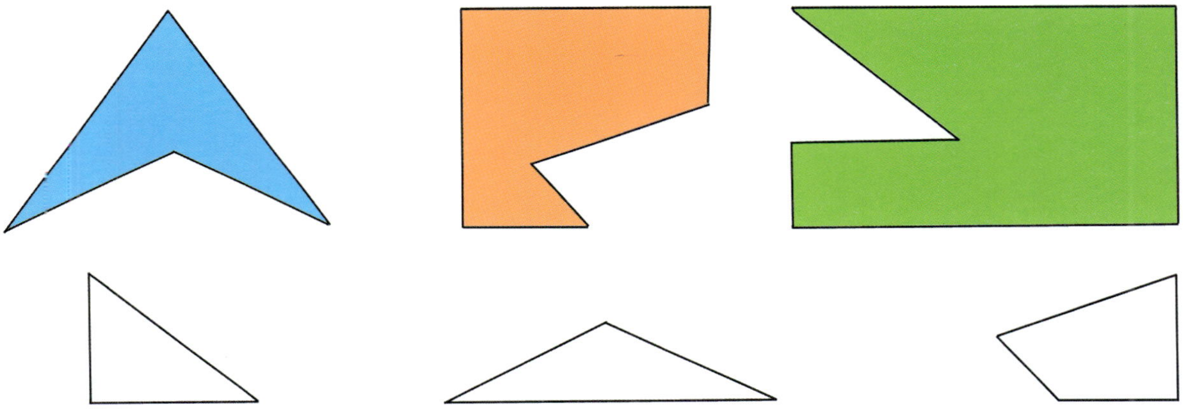

**9** **Ipini teilak.**

EGUNA:

IZENA:

10 **Margotu botilaren aurrean dauden sagarrak.**

11 **Marraztu gurpil bakoitzak jarraituko duen bidea.**

12 **Margotu pilota dagokion eskailera mailan 3. eta 4. laukietan.**

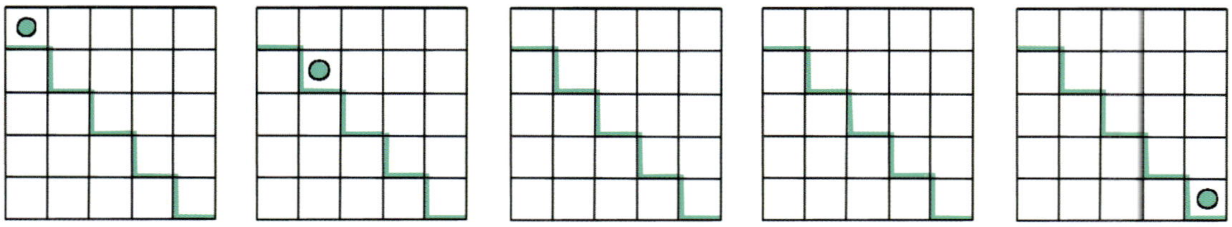

**13** **Jarraitu aurrera puntuz puntu.**

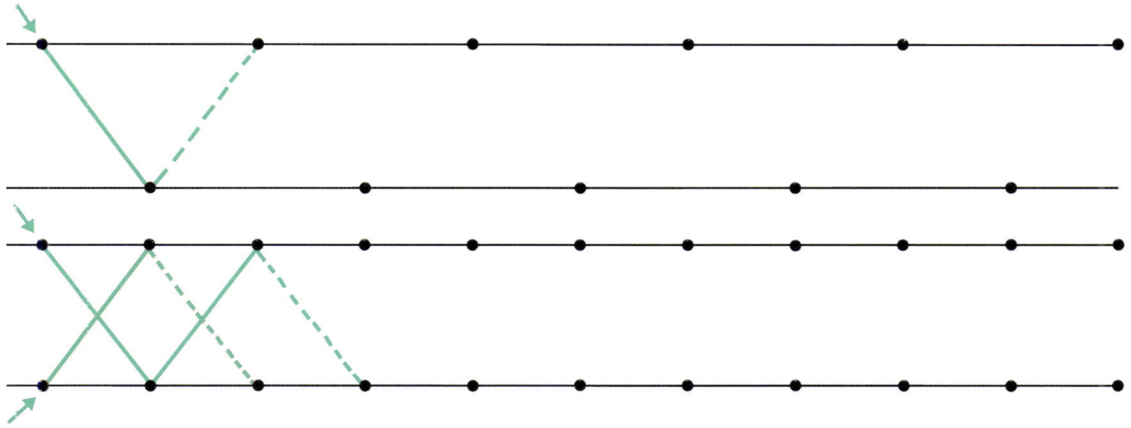

**14** **Margotu kolore urdinez zebra-bideko mutikoarengandik hurbilen dauden ibilgailuak, eta horiz urrutien daudenak.**

IZENA:

EGUNA:

**15** **Zein bideri jarraituko dio patinatzaileak patina hartzeko?**

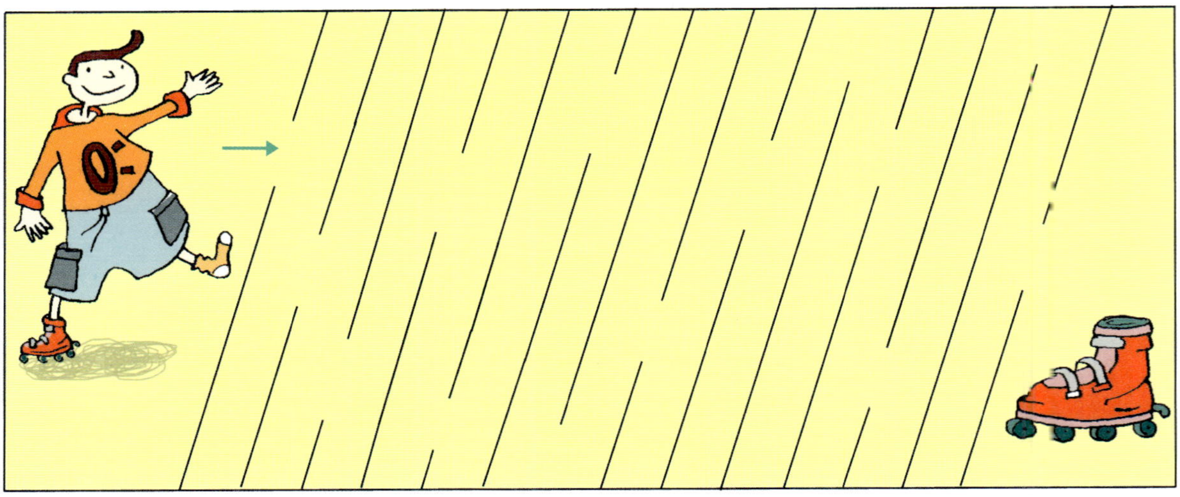

**16** **Marraztu eta margotu eskuineko laukian ezkerreko laukiko irudiak dagokien posizioan.**

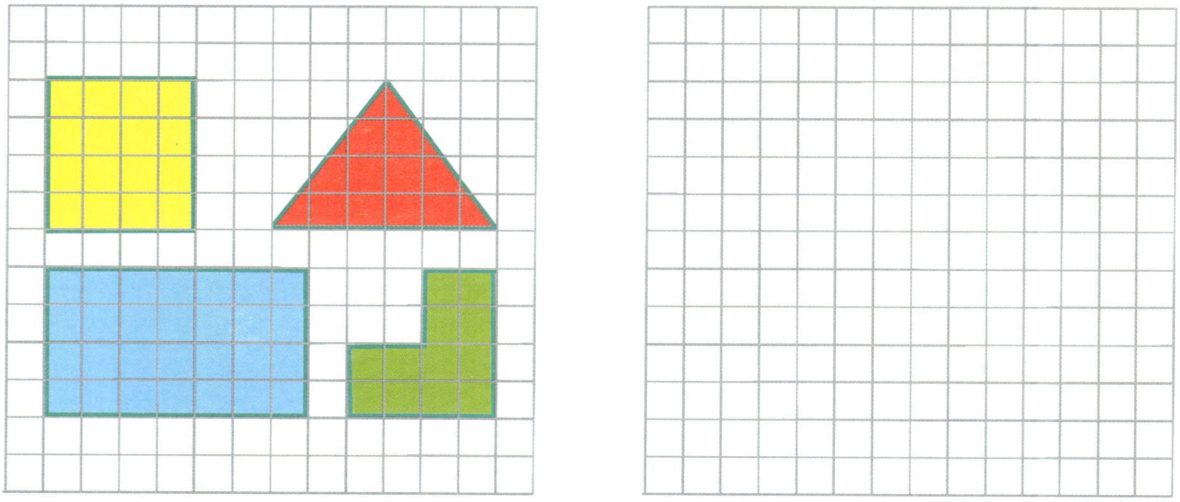

**17** **Jarraitu puntuz puntu.**

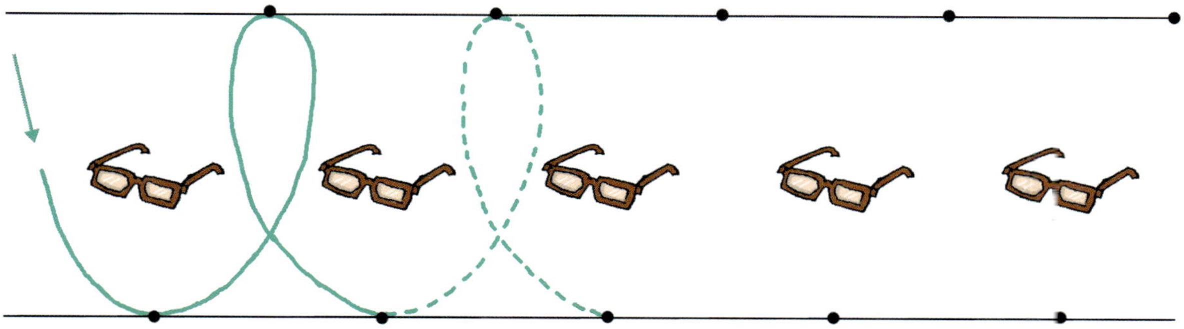

IZENA:

EGUNA:

**18** **Margotu sorgin bakoitzaren ezkerreko aldea.**

**19** **Hiru bide, hiru kolore. Markatu bide bakoitza kolore batez.**

**20** Zoaz puntuz puntu eta osatu irudiak.

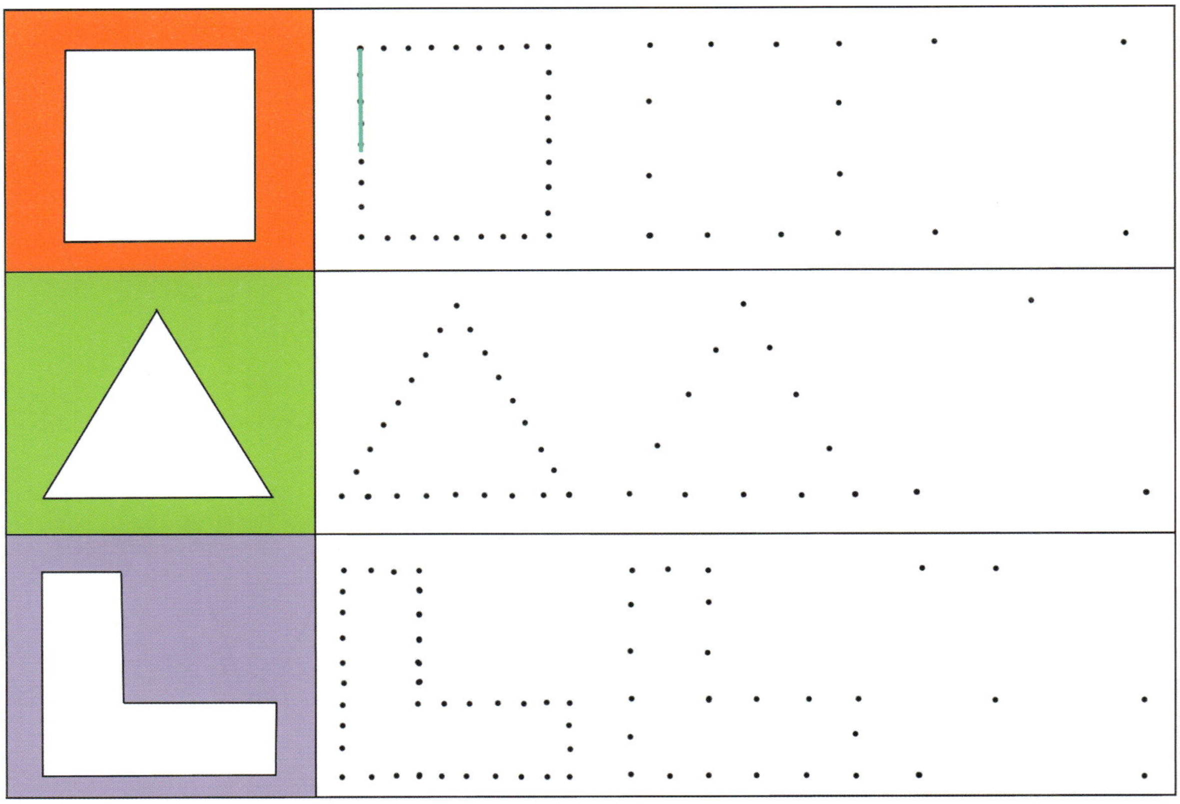

**21** Margotu botilaren ezkerreko aldean dauden edalontziak.

EGUNA:

IZENA:

**22** Lagundu saxofoijotzaileari bere saxofoia hartzen.

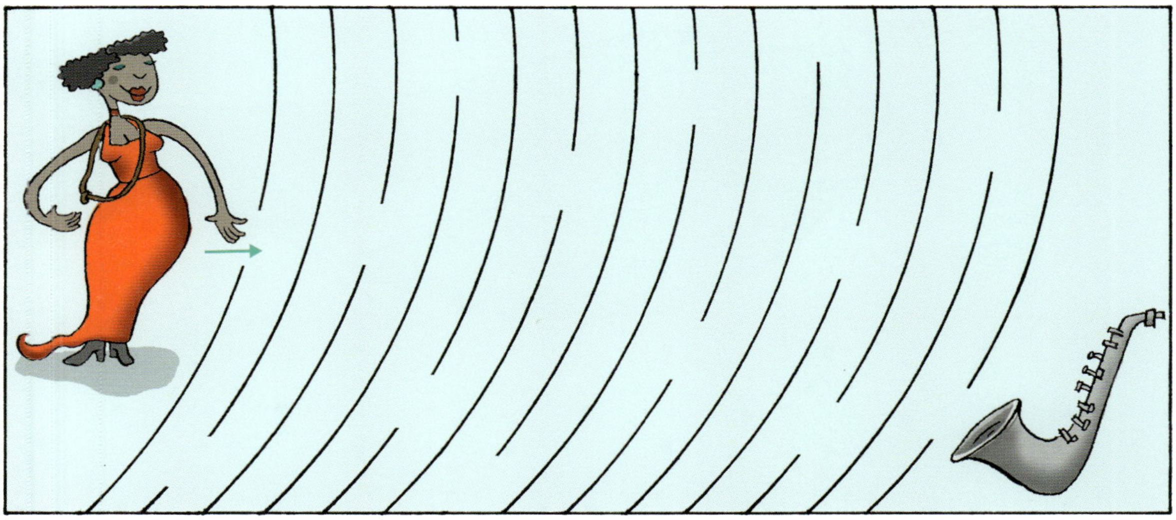

**23** Jarraitu puntuz puntu.

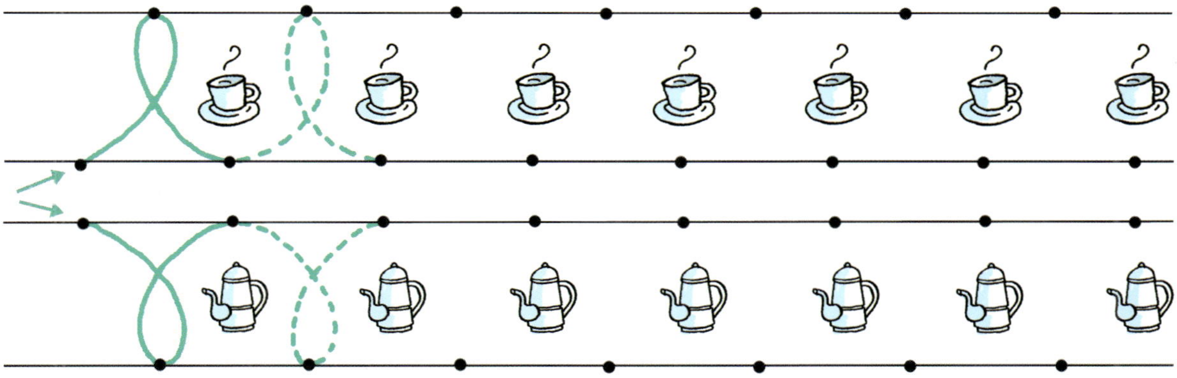

**24** Egin triangeluak puntuak elkartuz.

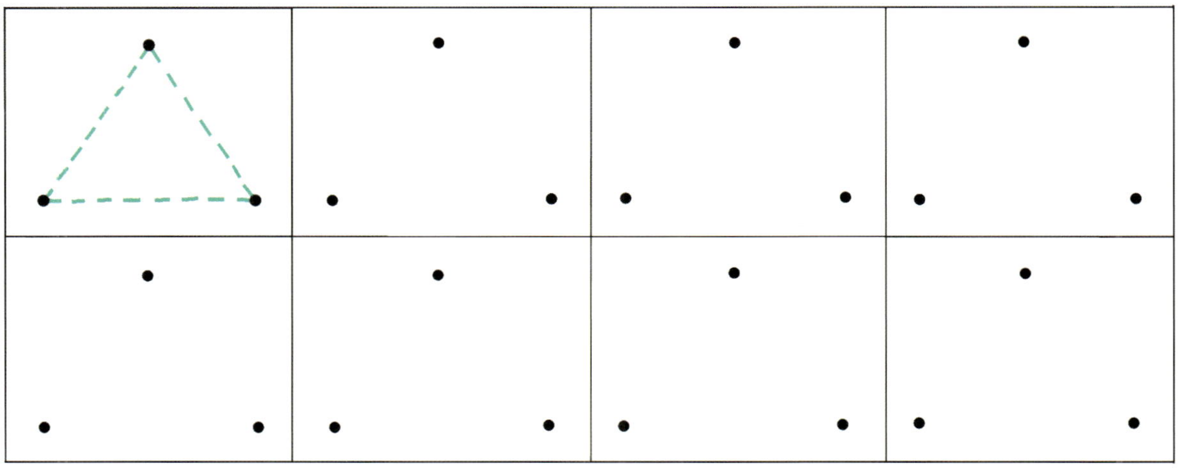

**25** **Egin olatuak itsasoan.**

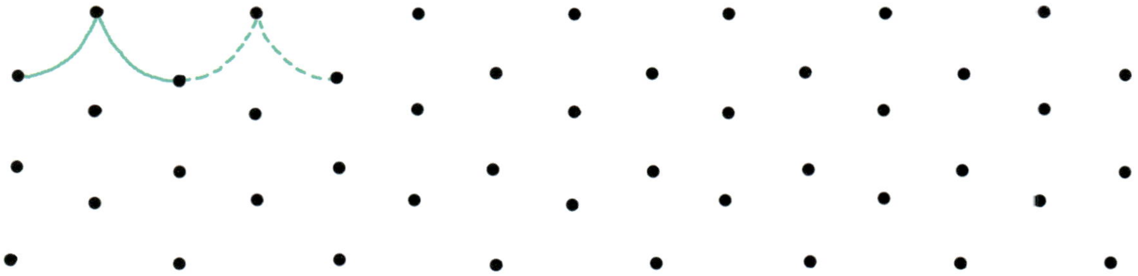

**26** **Margotu kirolari bakoitzaren eskuineko aldea.**

**27** **Marraztu eta margotu ezkerreko laukiko irudiak eskuinekoan, eta posizio berean.**

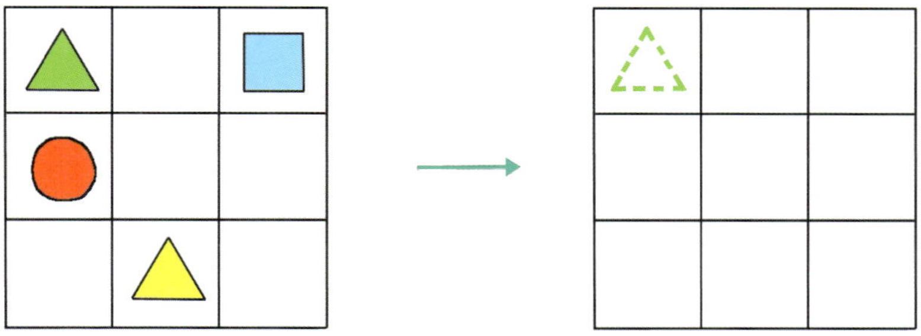

**28** **Osatu zirkuitua.**

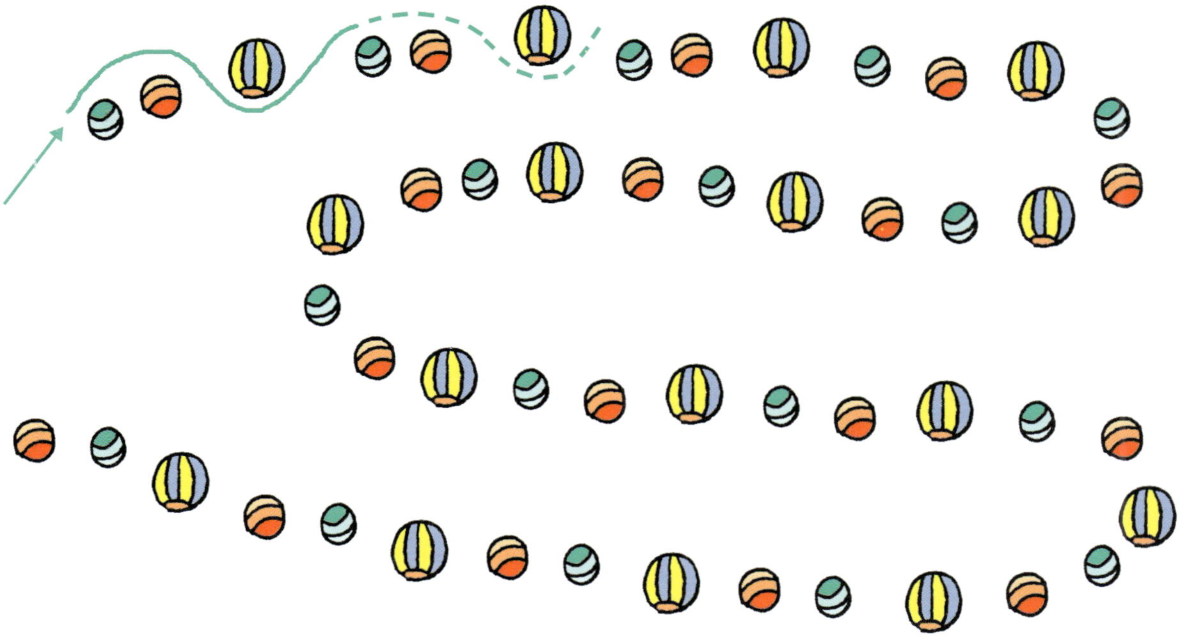

**29** **Jarraitu puntuz puntu.**

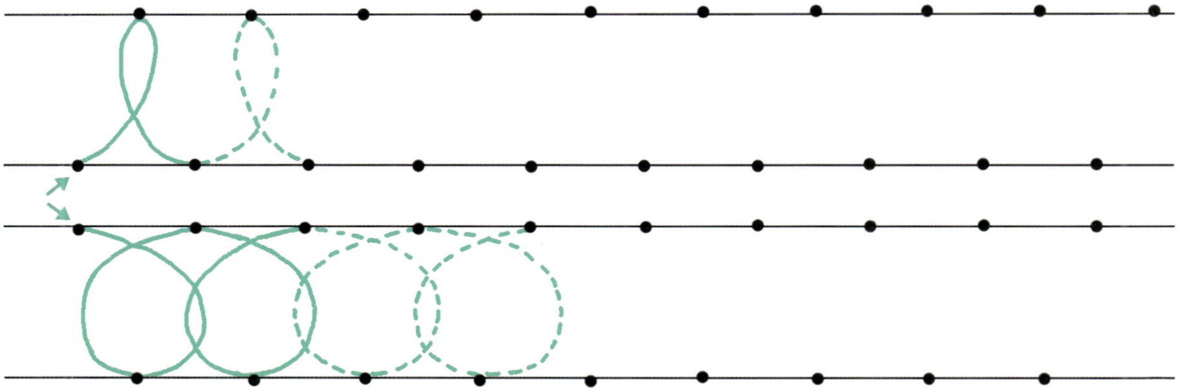

EGUNA:

IZENA:

**30** **Margotu marrubiaren eskuinean dauden frutak.**

**31** **Jarraitu espiralak marrazten.**

**32** **Margotu pilota falta den eskailera-mailetan.**

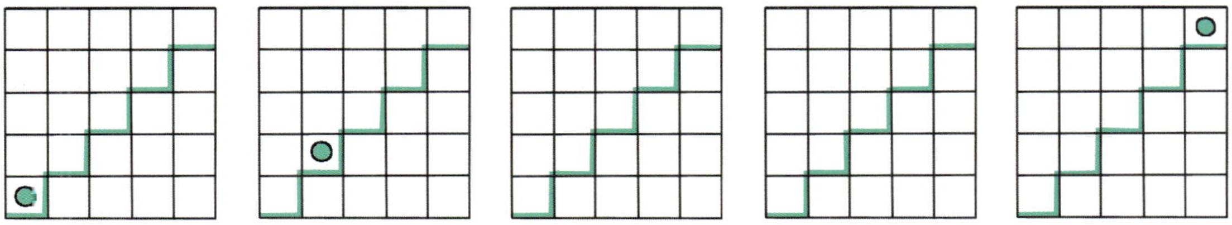

**33** **Jarraitu puntuz puntu.**

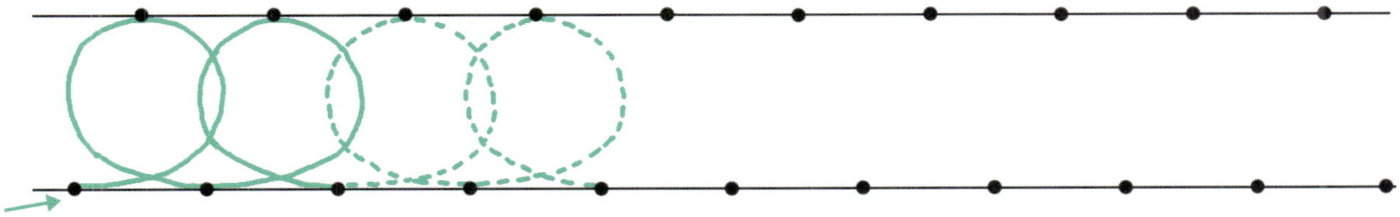

EGUNA:

**34** **Marraztu soka, batean goian eta bestean behean.**

IZENA:

**35** **Marraztu estralurtarrak ontzira joateko egin beharko duen bidea.**

**36** **Margotu beheko pieza bakoitza goiko bere zatiari dagokion kolorez.**

37 **Margotu espiral bakoitza adierazitako norabidean.**

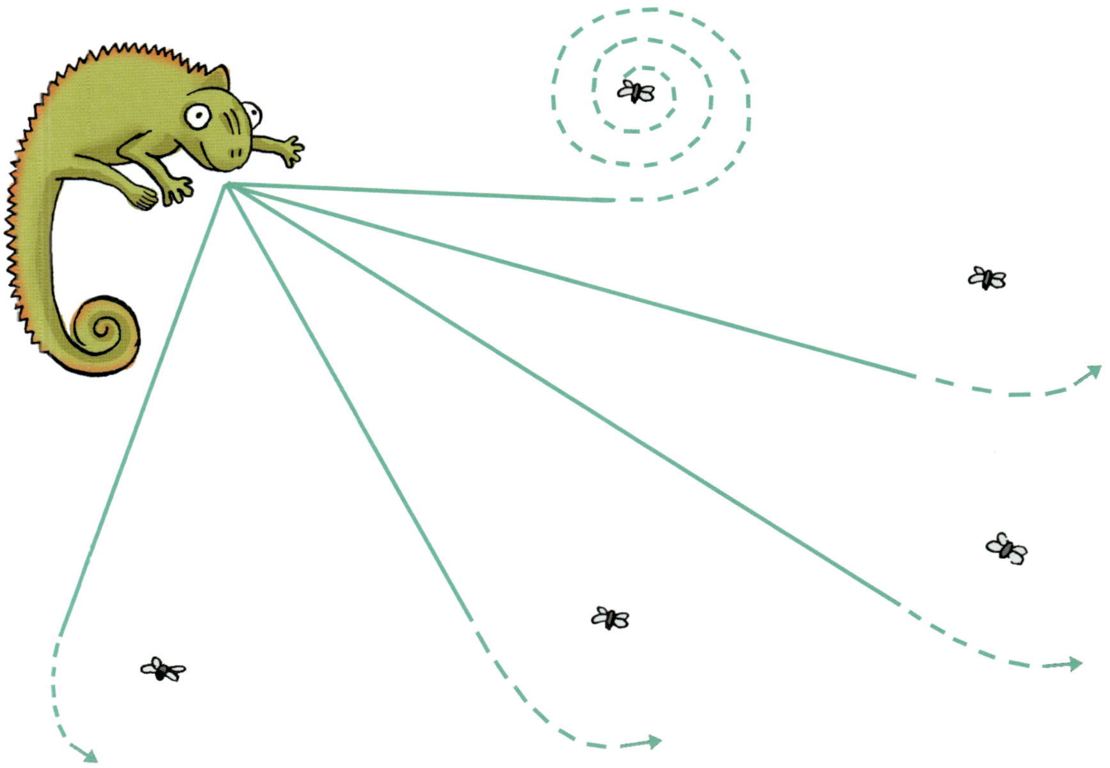

38 **Margotu eredukoaren posizioan dauden hosto guztiak.**

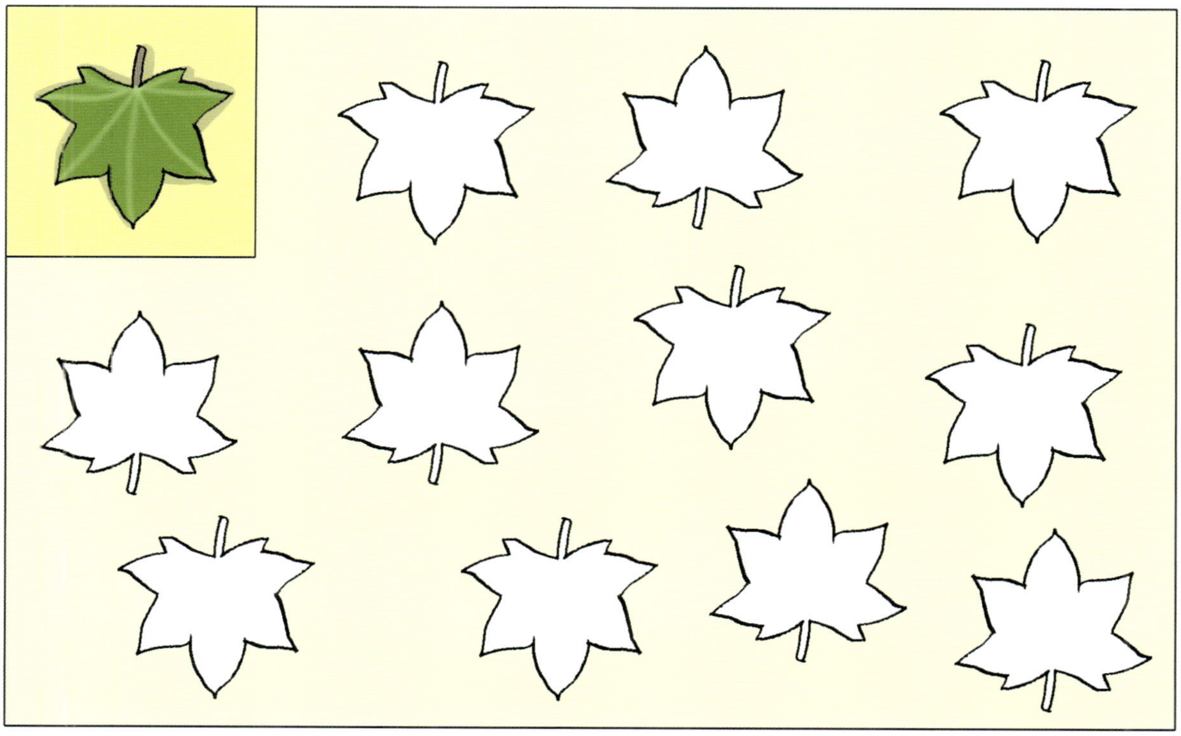

EGUNA:

IZENA:

**39** **Margotu sukaldariak tarta hartzeko egin beharko duen bidea.**

**40** **Egin laukizuzenak, puntuak lotuz.**

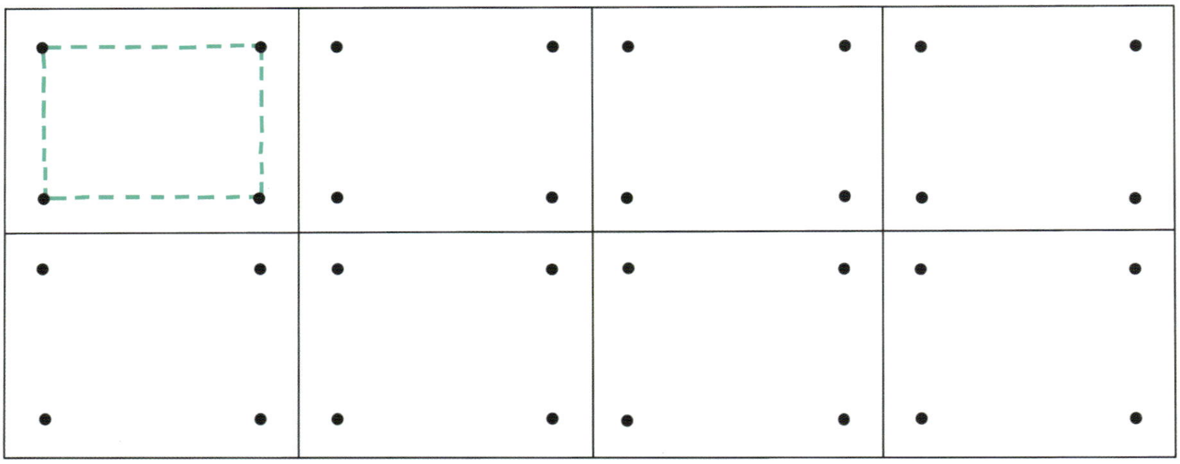

**41** **Jarraitu puntuz puntu.**

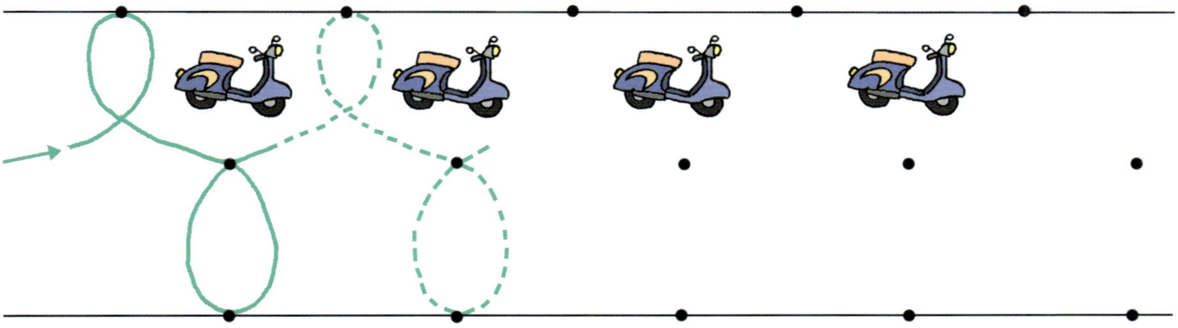

**42** **Margotu podiumeko txirrindulari bakoitzari bere elastikoa, helmugara nola sartu diren kontuan hartuta.**

**43** **Erakutsi pertsona bakoitzari bere bidea.**

EGUNA:

IZENA:

44 **Osatu marrazki bakoitza, puntuak lotuz.**

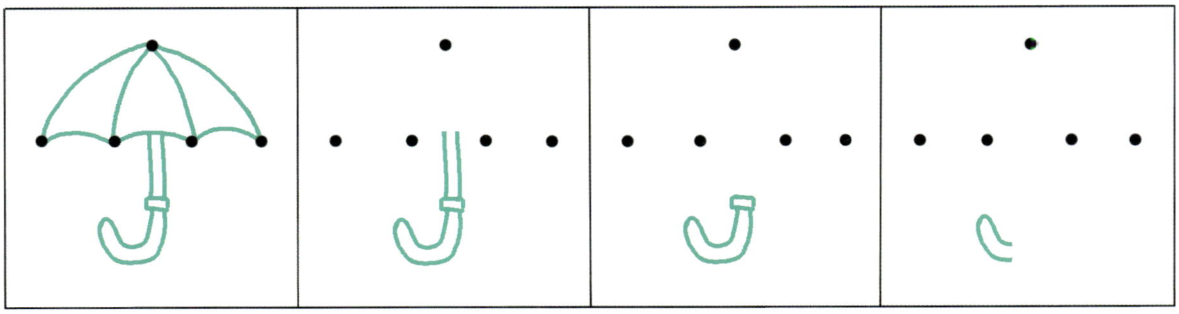

45 **Margotu espiral bakoitza adierazitako norabidean.**

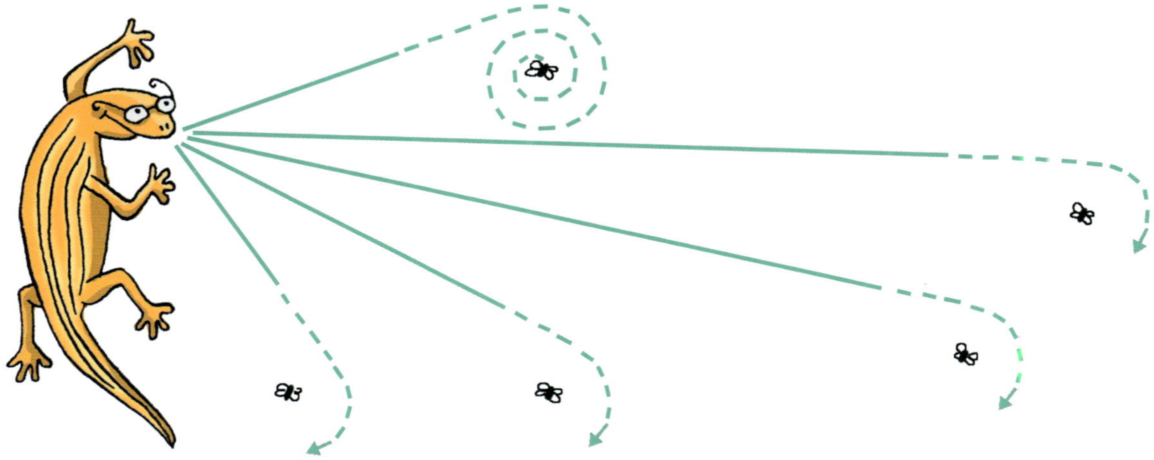

46 **Elkartu birlak, bola aurrean, atzean edo alboan duten kontuan hartuz.**

47 **Marraztu hegazkin bakoitzaren ibilbidea.**

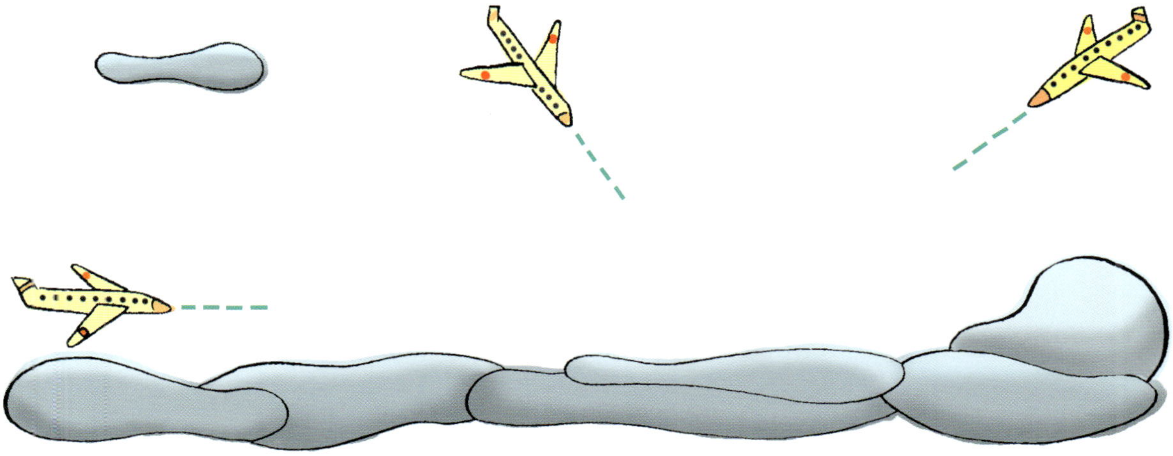

48 **Marraztu eta margotu ezkerreko laukiko irudiak eskuinekoan, eta posizio berean.**

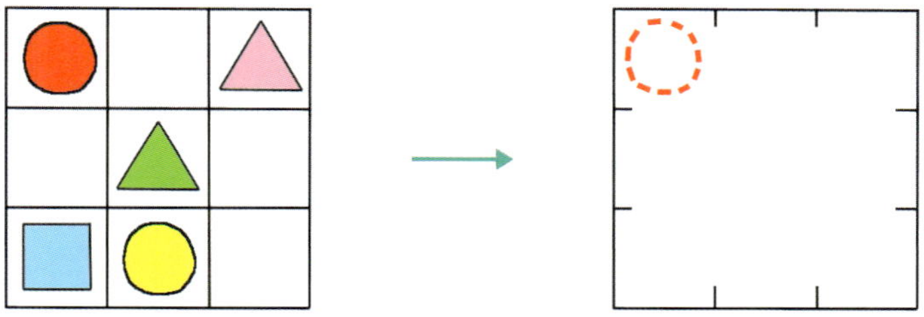

49 **Osatu baratzeko ilarak.**

EGUNA:

IZENA:

**50** **Inguratu gorriz perretxikoaren ondoan dauden iratxoak, berdez perretxikoaren gainean daudenak eta urdinez azpian daudenak.**

**51** **Lagundu domatzaileari lehoia aurkitzen.**

**52** **Margotu pilota falta den karratuetan.**

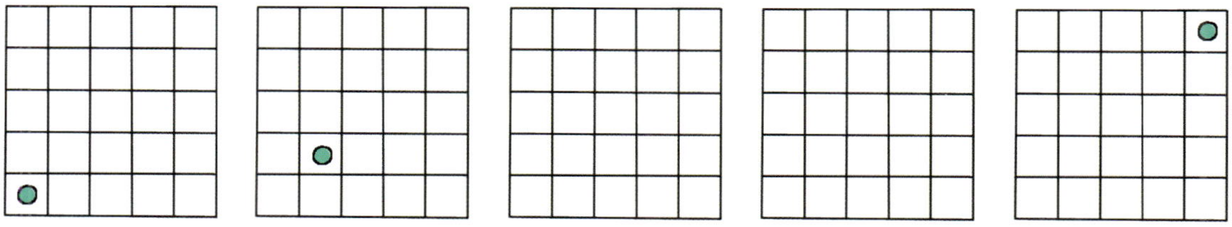

**53** **Margotu izozkiak ereduaren arabera.**

**54** **Osatu zirkuitu hau.**

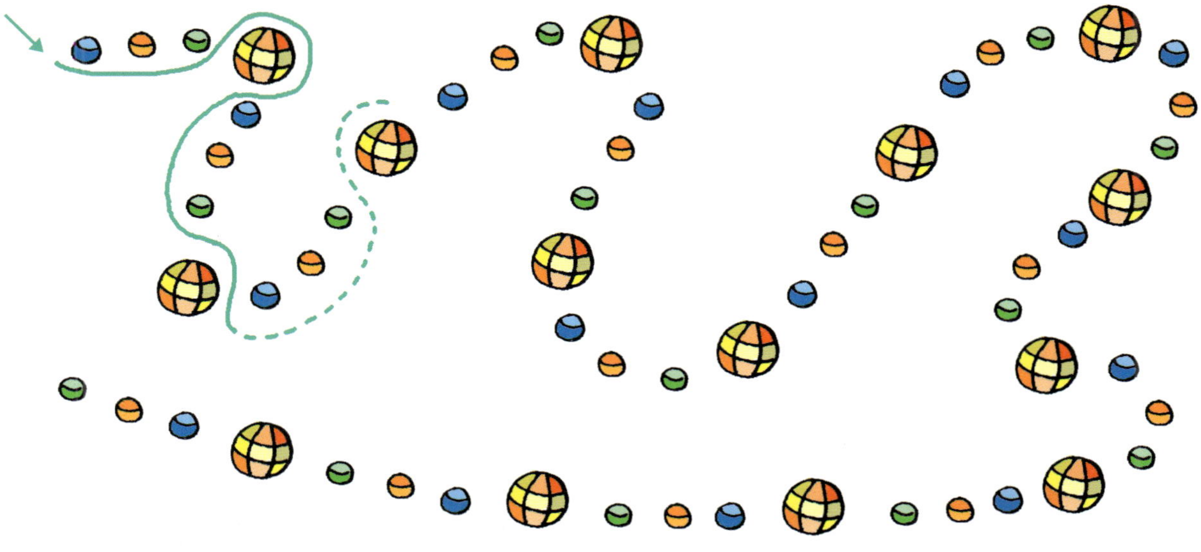

EGUNA:

IZENA:

**55** **Margotu beheko pieza bakoitza goiko bere zatiari dagokion kolorez.**

**56** **Margotu zerbait lauki bakoitzeko bi irudien artean.**

IZENA:

EGUNA:

## 57 Lagundu baserritarrari traktorea aurkitzen.

## 58 Osatu irudiak, puntuak lotuz.

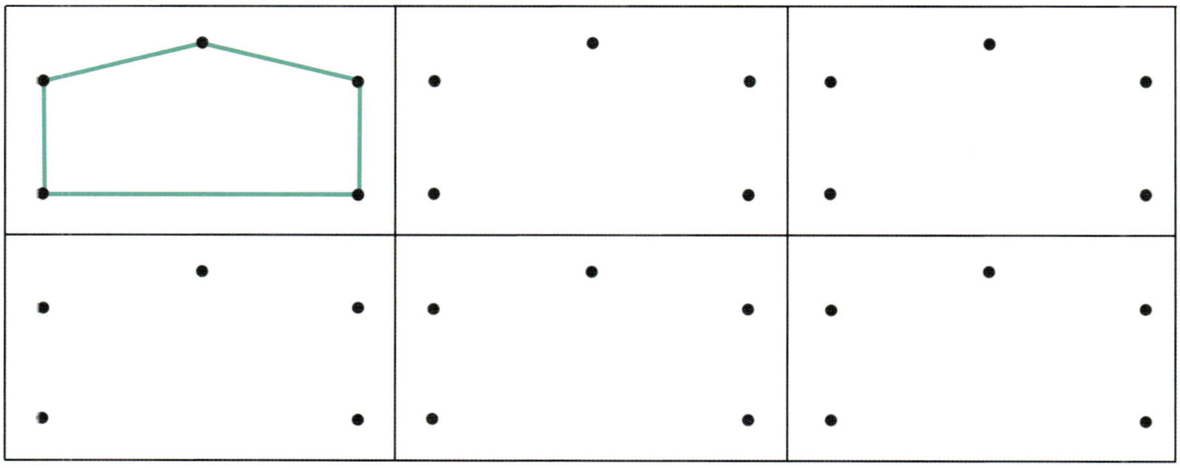

**59** **Inguratu urdinez andereñoarengandik urruti dauden ikasleak, eta gorriz hurbil daudenak.**

**60** **Lagundu mutikoari ur azpiko betaurrekoak aurkitzen.**

**61** **Elkartu puntuak eta osatu marrazkiak.**

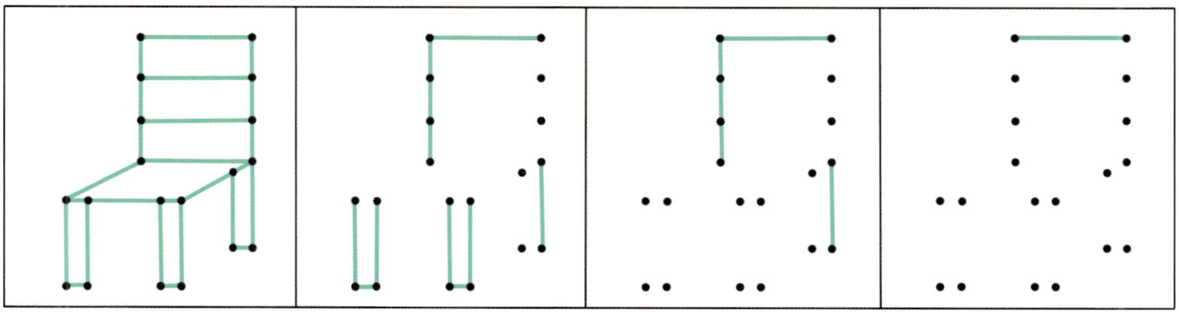

**62** **Margotu horiz ilaran lehenen dagoena eta urdinez azken dagoena.**

IZENA:

EGUNA:

63 **Marraztu piloten ibilbideak, eta pintatu saskian sartuko diren bi pilotak.**

64 **Egin eskuineko laukian ezkerrekoan dauden zirkuluak posizio berean.**

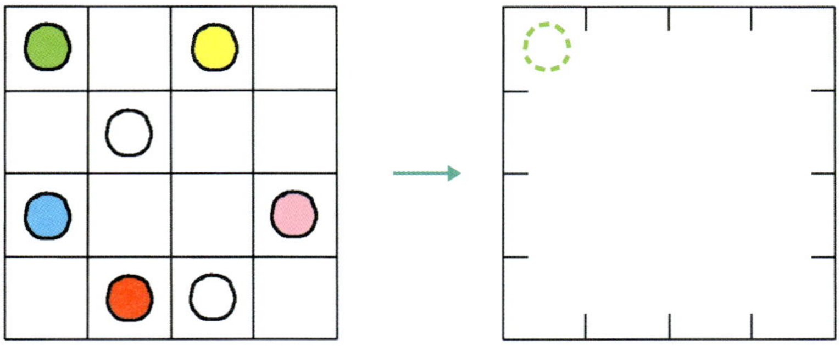

IZENA:

EGUNA:

**65** **Margotu plater bakoitzari falta zaizkion mahai-tresnak.**

**66** **Osatu zirkuitua.**

**67** **Margotu pilota falta den karratuetan.**

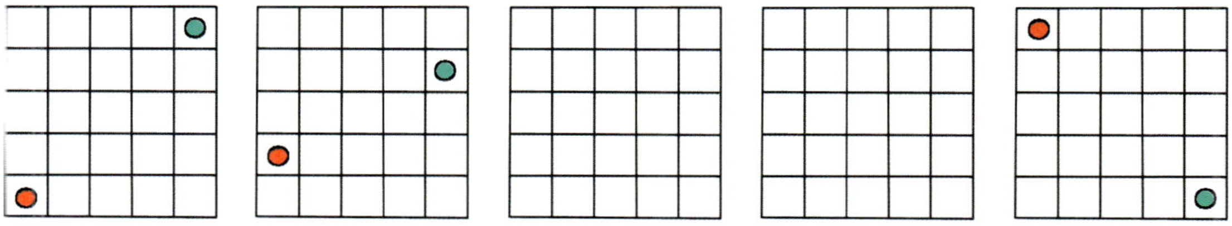

68 **Margotu eredukoaren posizio berean dauden aterkiak.**

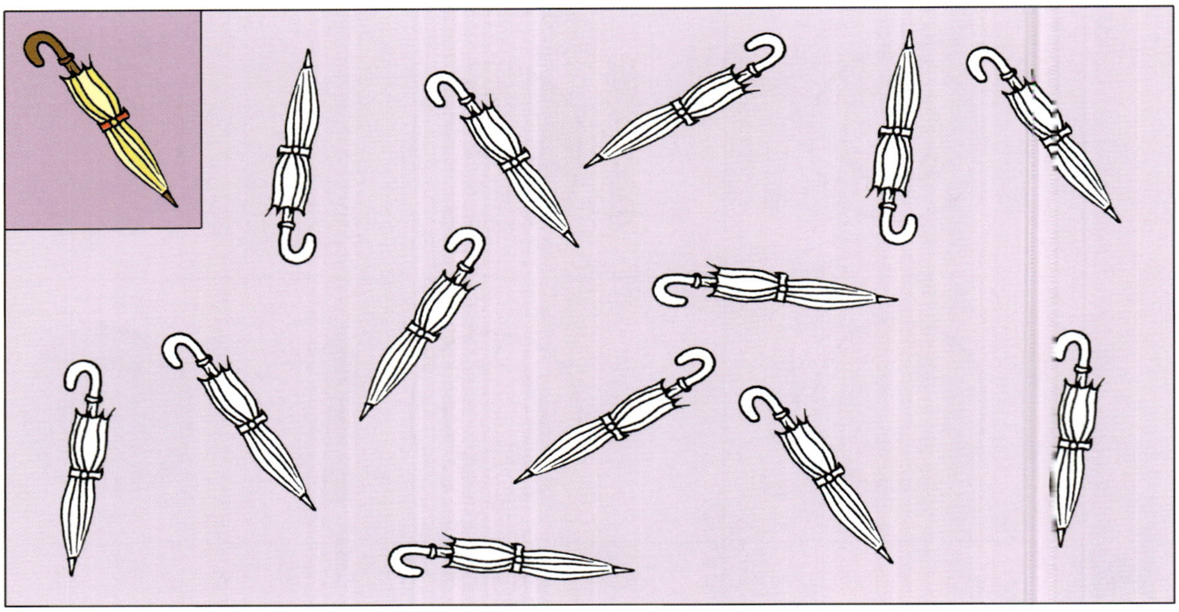

69 **Erakutsi Drakulari gaztelurako bidea.**

IZENA:

EGUNA:

**70** **Elkartu puntuak eta osatu irudiak.**

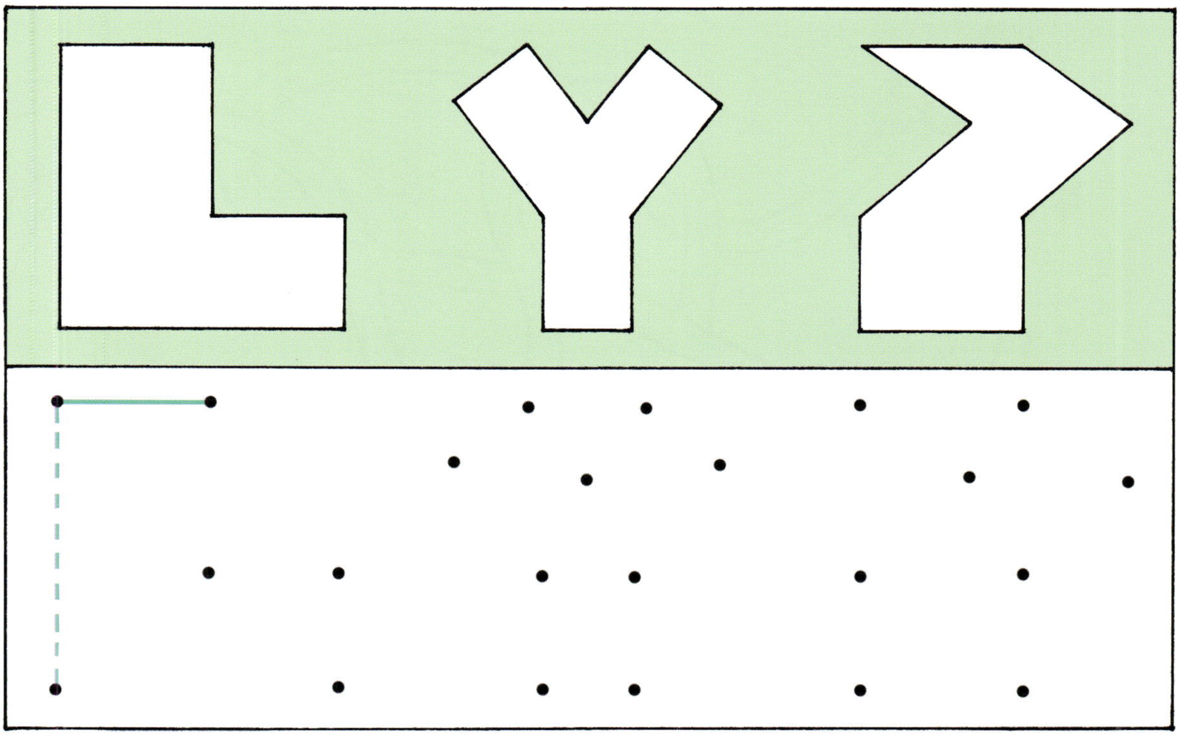

**71** **Inguratu urdinez gauza baten aurrean dauden iratxoak; inguratu gorriz gauza baten alboan daudenak; horiz gainean daudenak; eta lilaz azpian daudenak.**

**72** **Lagundu indiarrari zaldia aurkitzen.**